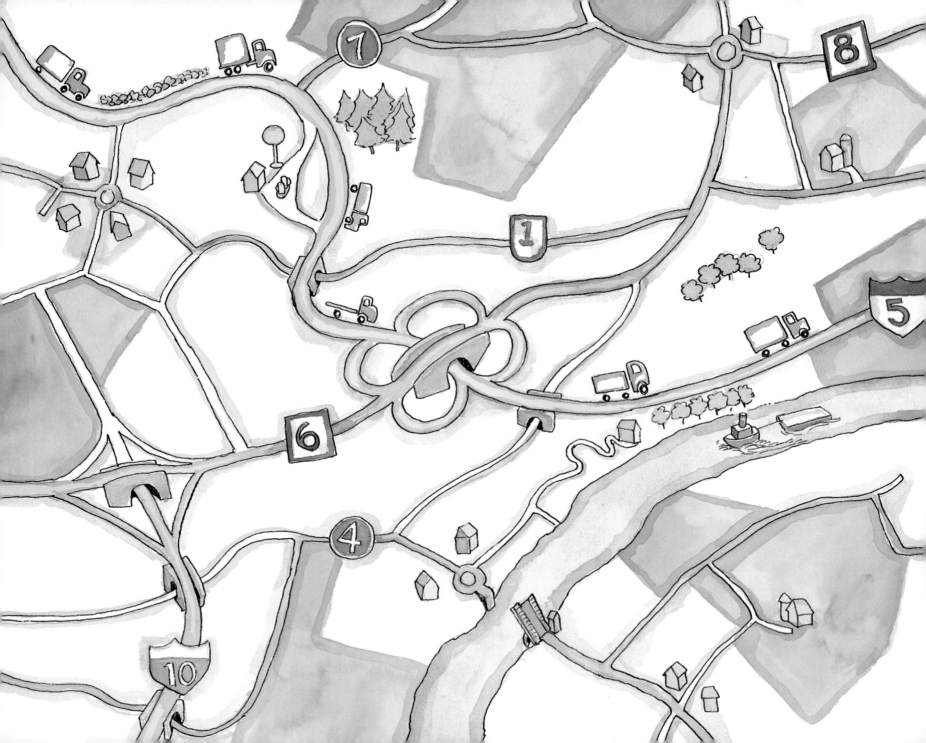

MathStart®
SUMAR

ANIMALES A BORDO

escrito por Stuart J. Murphy
ilustrado por R. W. Alley

HARPER
An Imprint of HarperCollinsPublishers

NIVEL
2

Para Tom, Elynn y todo el departamento de diseño, quienes
han trabajado mucho para que MathStart luzca tan bien
—S.J.M.

HarperCollins® and MathStart® are registered trademarks of HarperCollins Publishers Inc.
For more information about the MathStart series, write to HarperCollins Children's Books, 195 Broadway,
New York, NY 10007, or visit our website at www.mathstartbooks.com.

Bugs incorporated in the MathStart series design were painted by Jon Buller.

Animales a bordo
Text copyright © 1998 by Stuart J. Murphy
Spanish text copyright © 2008 by Pearson Education, Inc.
Illustrations copyright © 1998 by R. W. Alley
All rights reserved. Manufactured in China.
www.harpercollinschildrens.com
ISBN 978-0-06-298326-8
20 21 22 23 24   SCP   10 9 8 7 6 5 4 3 2 1
❖

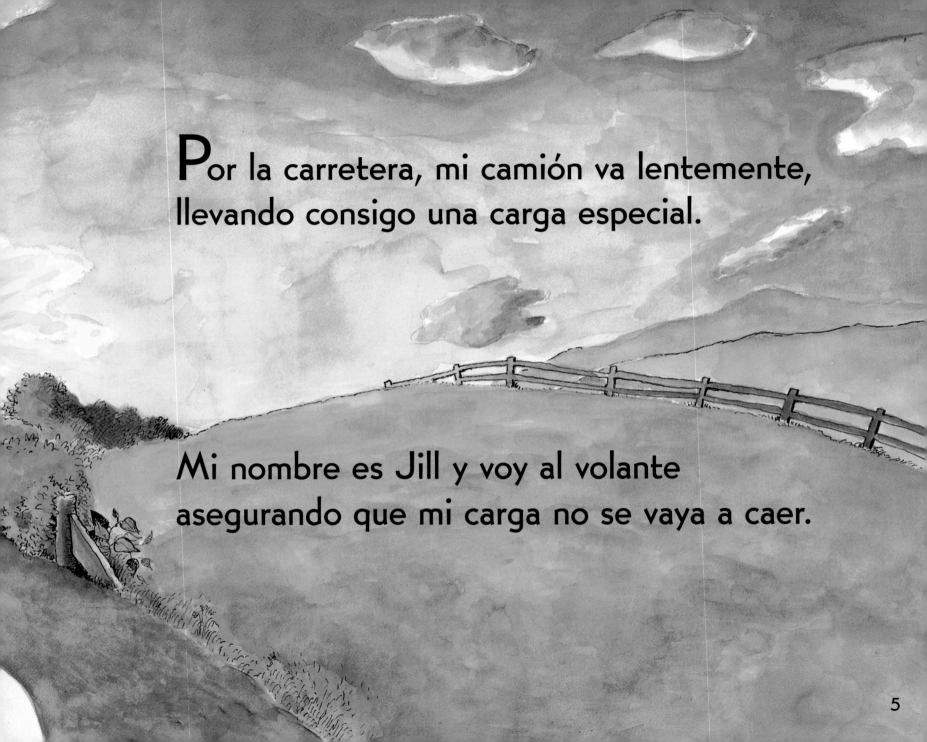

Por la carretera, mi camión va lentemente,
llevando consigo una carga especial.

Mi nombre es Jill y voy al volante
asegurando que mi carga no se vaya a caer.

5

Un gran camión verde a mi lado veo rodar
lleva tres tigres feroces: Cuéntalos al pasar.

7

No mires ahora . . . dos más vienen en camino.
Súmalos al resto y escucharás su rugido.

Seis cisnes blancos veo pasar.
Todos tienen alas, pero no van a volar.

¡Mira! . . . más atrás viene otro en un camioncito.
Tal vez sea su hermano, el más pequeñito.

¿Qué es esto tan gracioso que viene por allí?
Son cuatro ranas verdes, ¡pasandome a mi!

14

Mi camión avanza y no detiene su marcha.
Cuatro ranas más pasan—brinca, salta,
brinca, salta.

16

Otro camión va por el camino
con siete caballos, ¡qué divertido!

Luego, otro camión veo acercarse.
Tres caballos más que vienen a sumarse.

El camión que sigue trae algo maravilloso:
nueve pandas rellenos, con blanco y con negro.

Un camión rojo se adelanta y pasa al lado mio.
¿Qué lleva atrás? ¡Anda! ¡El camión está vacío!

Al frente lleva un letrero especial.
Me toca ponerme en mi lugar.

Por fin llegamos, cada uno con su carga.
¡Lo que mi camión llevaba era la gran carpa!

Ahora que todo el trabajo está hecho,
finalmente es hora de divertirnos.

¿Puedes encontrar 5 tigres,
7 cisnes, 8 ranas,
10 caballos y
9 pandas?

Si les interesa divertirse más con los conceptos matemáticos que se presentan en *Animales a bordo*, aquí tienen algunas sugerencias:

- Lea el cuento junto con el niño o la niña y pídale que describa lo que sucede en cada ilustración.

- Mientras leen el cuento:

  o Pídale al niño o a la niña que señale cada animal.

  o Haga preguntas, como: "Si hay seis cisnes y se suma uno más, ¿cuántos cisnes hay en total?".

- Anime al niño o a la niña a contar el cuento usando sus propias palabras.

- Recorten imágenes de animales que encuentren en revistas viejas o en catálogos y súmenlas. Si tienen dos tortugas y tres perros, pregúntele: "¿Cuántos animales hay en total?".

- Reúnan algunos animales de peluche. Ordénelos en grupos pequeños de tal manera que puedan sumarse. Anime al niño o a la niña a inventar cuentos sobre los animales. Por ejemplo: "Hay tres osos y dos conejitos. Cinco animales salen de paseo."

- Cuando estén fuera de casa, observen objetos (como por ejemplo juguetes en la arena, objetos en un carrito de compras, o donas en el estante de una panadería), cuéntenlos y luego desarrollen algunas sumas con esas cantidades.

Con las siguientes actividades podrá incorporar los conceptos que se presentan en *Animales a bordo* en la vida diaria del niño.

Un mundo de fantasía: Celebren el cumpleaños de una mascota o un juguete. Coloquen una, dos o tres velas en un pastel o un pastelito. Luego, quiten esas velas y pongan otra cantidad distinta de velas. ¿Cuántos años cumple el juguete o la mascota en este caso?

Deletrear el nombre: Escriban el nombre del niño o de la niña con palillos de dientes. ¿Cuántos palillos se necesitan para formar las dos primeras letras? ¿Y para las primeras tres? ¿Cuántos palillos se necesitan para escribir el nombre completo?

Juego de cartas: Extiendan una baraja de cartas y retiren las cartas que contienen figuras. Elijan dos cartas y súmenlas. Traten de buscar otras dos cartas que sumen a la misma cantidad. Háganlo de nuevo. Quien logre armar más conjuntos gana.

En el parque: Cuenten la cantidad de niños que ven en los columpios y la cantidad de niños que ven en la resbaladera. Súmen las dos cantidades. ¿Cuántos hay en total? Practiquen cómo sumar grupos de niños que ven en otros lugares.